食物背后的秘密
SHIWU BEIHOU DE MIMI

花生，你从哪里来

温会会 / 编著

浙江摄影出版社
全国百佳图书出版单位

"麻屋子，红帐子，里面住着个白胖子。"
猜一猜，这是什么？答案是"花生"。

香糯的水煮花生，酥脆的油炸花生米，香甜的花生糖……这些美食的原材料，都是一颗颗的花生。小朋友，你知道花生是从哪里来的吗？

它们生长在地里，是农民们种出来的。

3

在植物王国里，花生的生长方式很独特。它在地上开花，花落之后变成果针钻进土里，在地下结果。

于是，人们称它为"落花生"。

不少人认为，花生的营养价值高，吃了可以延年益寿。因此，花生也被誉为"长生果"。此外，花生还有"泥豆""番豆""地豆"等有趣的外号。

花生是如何种植出来的呢？

在种植花生之前，人们会把剥了壳的花生种子放到清水里浸泡好几个小时，然后捞出来放进塑料袋里，等待种子"露白"——冒出白白的小芽。这就是种植花生前的"浸种催芽"步骤。

花生种在怎样的土地上，会生长得比较好呢？

人们通常会选择地势平坦、排水能力强的地方，并对土壤进行处理。瞧，这片疏松又肥沃的营养土，将会成为花生的"家"。

催出了小芽的花生种子，被均匀地播撒在土壤中。农民们给种子盖上土壤并压实，再浇上足够的水，等待种子的生长。

差不多过了一周，花生幼苗就从土壤里探出了脑袋。随着幼苗越长越高，叶子越来越多，它的根系也壮大起来！

15

过了二三十天，花生苗就开花啦！

花生的花和黄瓜的花一样，也是黄灿灿的。远远望去，花生花就像一群可爱的黄蝴蝶，在田里跳舞。

再过一个月左右，花生开始结荚。

在花生成长的重要时期，农民们十分忙碌。他们要给花生浇水、施肥、除虫呢！

又过了一段时间，荚里的果实在不知不觉中变得饱满了。终于，花生成熟了！农民们从土壤里把成串的花生果实挖了出来。

看，一个个花生就像可爱的小葫芦。花生的"麻屋子"，其实是花生的果皮。花生的"红帐子"，则是花生的种皮。而"白胖子"，就是花生的种子啦！

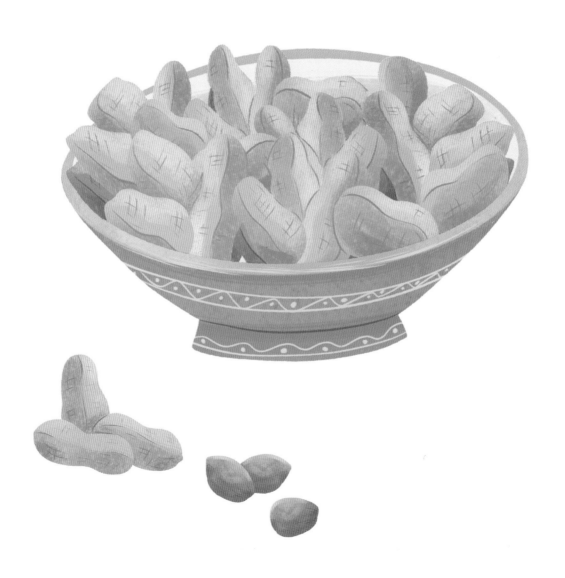

23

别看花生小，它的作用可真不少！它能够给人体补充脂肪、蛋白质、维生素等营养物质。

花生还可以榨成香喷喷的花生油呢！

花生的果实默默地埋在地里，从不张扬。等它成熟了，却甘愿为人类做出很多贡献！

责任编辑　陈　一
文字编辑　谢晓天
责任校对　高余朵
责任印制　汪立峰

项目设计　北视国

图书在版编目（ＣＩＰ）数据

花生，你从哪里来 / 温会会编著 ． -- 杭州 ：浙江
摄影出版社， 2022.1
　（食物背后的秘密）
　ISBN 978-7-5514-3585-7

　Ⅰ．①花… Ⅱ．①温… Ⅲ．①花生－栽培技术－儿童
读物 Ⅳ．① S565.2-49

中国版本图书馆 CIP 数据核字 (2021) 第 223103 号

HUASHENG NI CONG NALI LAI

花生，你从哪里来

（食物背后的秘密）

温会会　编著

全国百佳图书出版单位
浙江摄影出版社出版发行
　　　地址：杭州市体育场路 347 号
　　　邮编：310006
　　　电话：0571-85151082
　　　网址：www.photo.zjcb.com
制版：北京北视国文化传媒有限公司
印刷：山东博思印务有限公司
开本：889mm×1194mm　1/16
印张：2
2022 年 1 月第 1 版　　2022 年 1 月第 1 次印刷
ISBN 978-7-5514-3585-7
定价：39.80 元